海上絲綢之路基本文獻叢書

夏鎮漕渠志略（上）

〔清〕狄敬 編纂

文物出版社

圖書在版編目（CIP）數據

夏鎮漕渠志略．上 /（清）狄敬編纂．-- 北京 : 文物出版社，2022.7
（海上絲綢之路基本文獻叢書）
ISBN 978-7-5010-7582-9

Ⅰ．①夏… Ⅱ．①狄… Ⅲ．①水利史－微山縣－清代 Ⅳ．① TV-092

中國版本圖書館 CIP 數據核字（2022）第 097131 號

海上絲綢之路基本文獻叢書
夏鎮漕渠志略（上）

編　　者：〔清〕狄敬
策　　劃：盛世博閱（北京）文化有限責任公司

封面設計：鞏榮彪
責任編輯：劉永海
責任印製：王　芳

出版發行：文物出版社
社　　址：北京市東城區東直門内北小街 2 號樓
郵　　編：100007
網　　址：http://www.wenwu.com
經　　銷：新華書店
印　　刷：北京旺都印務有限公司
開　　本：787mm×1092mm　1/16
印　　張：13.25
版　　次：2022 年 7 月第 1 版
印　　次：2022 年 7 月第 1 次印刷
書　　號：ISBN 978-7-5010-7582-9
定　　價：98.00 圓

總緒

海上絲綢之路，一般意義上是指從秦漢至鴉片戰爭前中國與世界進行政治、經濟、文化交流的海上通道，主要分爲經由黄海、東海的海路最終抵達日本列島及朝鮮半島的東海航綫和以徐聞、合浦、廣州、泉州爲起點通往東南亞及印度洋地區的南海航綫。

在中國古代文獻中，最早、最詳細記載『海上絲綢之路』航綫的是東漢班固的《漢書·地理志》，詳細記載了西漢黄門譯長率領應募者入海『齎黄金雜繒而往』之事，書中所出現的地理記載與東南亞地區相關，并與實際的地理狀況基本相符。

東漢後，中國進入魏晉南北朝長達三百多年的分裂割據時期，絲路上的交往也走向低谷。這一時期的絲路交往，以法顯的西行最爲著名。法顯作爲從陸路西行到印度，再由海路回國的第一人，根據親身經歷所寫的《佛國記》（又稱《法顯傳》）一書，詳細介紹了古代中亞和印度、巴基斯坦、斯里蘭卡等地的歷史及風土人情，是瞭解和研究海陸絲綢之路的珍貴歷史資料。

隨着隋唐的統一，中國經濟重心的南移，中國與西方交通以海路爲主，海上絲綢之路進入大發展時期。廣州成爲唐朝最大的海外貿易中心，朝廷設立市舶司，專門管理海外貿易。唐代著名的地理學家賈耽（七三〇～八〇五年）的《皇華四達記》記載了從廣州通往阿拉伯地區的海上交通『廣州通夷道』，詳述了從廣州港出發，經越南、馬來半島、蘇門答臘半島至印度、錫蘭，直至波斯灣沿岸各國的航綫及沿途地區的方位、名稱、島礁、山川、民俗等。譯經大師義净西行求法，將沿途見聞寫成著作《大唐西域求法高僧傳》，詳細記載了海上絲綢之路的發展變化，是我們瞭解絲綢之路不可多得的第一手資料。

宋代的造船技術和航海技術顯著提高，指南針廣泛應用於航海，中國商船的遠航能力大大提升。北宋徐兢的《宣和奉使高麗圖經》詳細記述了船舶製造、海洋地理和往來航綫，是研究宋代海外交通史、中朝友好關係史、中朝經濟文化交流史的重要文獻。南宋趙汝適《諸蕃志》記載，南海有五十三個國家和地區與南宋通商貿易，形成了通往日本、高麗、東南亞、印度、波斯、阿拉伯等地的『海上絲綢之路』。宋代爲了加强商貿往來，於北宋神宗元豐三年（一〇八〇年）頒佈了中國歷史上第一部海洋貿易管理條例《廣州市舶條法》，并稱爲宋代貿易管理的制度範本。

元朝在經濟上採用重商主義政策，鼓勵海外貿易，中國與歐洲的聯繫與交往非常頻繁，其中馬可•波羅、伊本•白圖泰等歐洲旅行家來到中國，留下了大量的旅行記，記録元代海上絲綢之路的盛况。元代的汪大淵兩次出海，撰寫出《島夷志略》一書，記録了二百多個國名和地名，其中不少首次見於中國著録，涉及的地理範圍東至菲律賓群島，西至非洲。這些都反映了元朝時中西經濟文化交流的豐富内容。

明、清政府先後多次實施海禁政策，海上絲綢之路的貿易逐漸衰落。但是從明永樂三年至明宣德八年的二十八年裏，鄭和率船隊七下西洋，先後到達的國家多達三十多個，在進行經貿交流的同時，也極大地促進了中外文化的交流，這些都詳見於《西洋蕃國志》《星槎勝覽》《瀛涯勝覽》等典籍中。

關於海上絲綢之路的文獻記述，除上述官員、學者、求法或傳教高僧以及旅行者的著作外，自《漢書》之後，歷代正史大都列有《地理志》《四夷傳》《西域傳》《外國傳》《蠻夷傳》《屬國傳》等篇章，加上唐宋以來衆多的典制類文獻、地方史志文獻，集中反映了歷代王朝對於周邊部族、政權以及西方世界的認識，都是關於海上絲綢之路的原始史料性文獻。

海上絲綢之路概念的形成，經歷了一個演變的過程。十九世紀七十年代德國地理學家費迪南・馮・李希霍芬（Ferdinad Von Richthofen，一八三三～一九〇五），在其《中國：親身旅行和研究成果》第三卷中首次把輸出中國絲綢的東西陸路稱爲『絲綢之路』。有『歐洲漢學泰斗』之稱的法國漢學家沙畹（Édouard Chavannes，一八六五～一九一八），在其一九〇三年著作的《西突厥史料》中提出『絲路有海陸兩道』，蘊涵了海上絲綢之路最初提法。迄今發現最早正式提出『海上絲綢之路』一詞的是日本考古學家三杉隆敏，他在一九六七年出版《中國瓷器之旅：探索海上的絲綢之路》中首次使用『海上絲綢之路』一詞；一九七九年三杉隆敏又出版了《海上絲綢之路》一書，其立意和出發點局限在東西方之間的陶瓷貿易與交流史。

二十世紀八十年代以來，在海外交通史研究中，『海上絲綢之路』一詞逐漸成爲中外學術界廣泛接受的概念。根據姚楠等人研究，饒宗頤先生是華人中最早提出『海上絲綢之路』的人，他的《海道之絲路與昆侖舶》正式提出『海上絲路』的稱謂。選堂先生評價海上絲綢之路是外交、貿易和文化交流作用的通道。此後，大陸學者馮蔚然在一九七八年編寫的《航運史話》中，使用『海上絲綢之路』一詞，這是迄今學界查到的中國大陸最早使用『海上絲綢之路』的人，更多地限於航海活動領域的考察。一九八〇年北京大學陳炎教授提出『海上絲綢之路』研究，并於一九八一年發表《略論海上絲綢之路》一文。他對海上絲綢之路的理解超越以往，且帶有濃厚的愛國主義思想。陳炎教授之後，從事研究海上絲綢之路的學者越來越多，尤其沿海港口城市向聯合國申請海上絲綢之路非物質文化遺産活動，將海上絲綢之路研究推向新高潮。另外，國家把建設『絲綢之路經濟帶』和『二十一世紀海上絲綢之路』作爲對外發展方針，將這一學術課題提升爲國家願景的高度，使海上絲綢之路形成超越學術進入政經層面的熱潮。

與海上絲綢之路學的萬千氣象相對應，海上絲綢之路文獻的整理工作仍顯滯後，遠遠跟不上突飛猛進的研究進展。二〇一八年厦門大學、中山大學等單位聯合發起『海上絲綢之路文獻集成』專案，尚在醖釀當中。我們不揣淺陋，深入調查，廣泛搜集，將有關海上絲綢之路的原始史料文獻和研究文獻，分爲風俗物産、雜史筆記、海防海事、典章檔案等六個類别，彙編成《海上絲綢之路歷史文化叢書》，於二〇二〇年影印出版。此輯面市以來，深受各大圖書館及相關研究者好評。爲讓更多的讀者親近古籍文獻，我們遴選出前編中的菁華，彙編成《海上絲綢之路基本文獻叢書》，以單行本影印出版，以饗讀者，以期爲讀者展現出一幅幅中外經濟文化交流的精美畫卷，爲海上絲綢之路的研究提供歷史借鑒，爲『二十一世紀海上絲綢之路』倡議構想的實踐做好歷史的詮釋和注脚，從而達到『以史爲鑒』『古爲今用』的目的。

凡例

一、本編注重史料的珍稀性，從《海上絲綢之路歷史文化叢書》中遴選出菁華，擬出版百册單行本。

二、本編所選之文獻，其編纂的年代下限至一九四九年。

三、本編排序無嚴格定式，所選之文獻篇幅以二百餘頁爲宜，以便讀者閱讀使用。

四、本編所選文獻，每種前皆注明版本、著者。

五、本編文獻皆爲影印，原始文本掃描之後經過修復處理，仍存原式，少數文獻由於原始底本欠佳，略有模糊之處，不影響閱讀使用。

六、本編原始底本非一時一地之出版物，原書裝幀、開本多有不同，本書彙編之後，統一爲十六開右翻本。

目録

夏鎮漕渠志略（上）

夏鎮漕渠志略（上）

前集一卷至卷上

〔清〕狄敬 編纂

清順治刻康熙增修本

夏鎮漕渠志畧叙

自司馬氏作史記述尚書禹貢之遺爲河渠書班氏而下歷代史各有紀志凡以見河事之大也民物利害古今仍創人事之得失世故之盛衰咸于是乎攸

之是以君子重焉夏陽伯格于
所治耳明嘉靖時改運道設永
衙署部使者例以三歲奉簡書
儼然涖此號名鎮矣嗣後遞有
廢興而夏陽之置如故
今上開天念河漕重計簡在特遣

闗東楊公元勳重臣首拜命總
河一時河隄諸使畫疆助理悉
由舊趂八年敬受事夏陽謁朱
公祠識建置所自始行新河或
沿或革疇勤疇勳父老尚能指
其處道其事當日播之謳歌頌

之珉石布告後世猶有存也有行迦河肇迹何時底績何人鮮有克言者掌記之所藏載道之碑銘槩闕焉綦大之役前賢彝厥勞舟楫之安後人享其利顧第弗深考俾與章故寔滮漫無

稽備官之謂何敬爲此懼竊欲
有所論次而卯之歲寇盜陸梁
力旣疲于荷戈執殳辰巳之間
濬淤築決寖食河滸戴星催督
亦病未能也間嘗于畚鍤之餘
按圖經搜載籍原夫新泇兩河

變遷難易之故微新罔以通舊
運之竆微泇弗克永新河之烈
若朱若舒若劉若李四君子者
後先荒度莫此一綫之渠夷考
當年經始未嘗不見謂建非常
之原起黎民之懼故創之甚深

持之甚力從而排擊阻撓者日築舍盈庭然卒以斷之而必爲爲之而必績及臻厥成明僅用之數十年昔宋人論汴水謂大禹疏鑿隋煬開刪終爲宋人用以爲天意明丘濬亦謂元人開

會通河河成而不盡以通漕蓋
天假元人力以爲明也夫夏至
隋隋至宋中經世代非一謂天
意顯在宋固不敢知至明人轉
漕雖席會通之便然其間興革
驛騷亦多故矣今則併宋元明

之利俱為我用夏陽所隸一百
里之河流實司輓輸通塞焉顧
可使其源流本末不一發明以
昭示于後哉爰就行水所及搜
山澤之遺碑斷碣詢亭父邑叟
以所知敷求愽採編纂成快得

志畧上下二卷爲篇二十有竒
己乃深惟曰夫志者右國史之
流也上明往古之蹟下辨時事
之紀徵文獻倫典故俾考鏡者
有所折衷非夫閎覽愽物君子
烏能成一家言勝其任而愉快

者乎敬乎人斯漫載筆執要以自附于紀述之林事寔脱漏辭義路駁厖罪甚矣雖然從兵火之餘補綴散失網羅舊聞亦曰姑存其槩云爾後有作者因是編而裒益潤色之勒成全書使

天下後世曉然知夏陽為朝宗
會同要津重地庶幾謀野之獲
有厚幸也
旹
順治十年歲次癸巳孟秋月朔
賜進士出身奉

參訂姓氏

整飭徐淮兵備管理屯田河道水利轄山東沂莒等處駐劄徐州僉事胡徑
□□□□兗州一府所屬地方兼分巡馬政駐劄沂州僉事李　茂　同訂
署江南淮安府管理徐屬河防同知事徐州知州余志明
山東兗州府管理泇河兼捕務通判張　蒲
江南徐州沛縣知縣趙世禎
山東兗州府滕縣知縣石美玉
山東兗州府嶧縣知縣韓廷柱
江南徐州上河判官韓必陞

江南徐州沛縣管河主簿李占春

山東兗州府滕縣管河主簿黃應元

山東兗州府嶧縣管河縣丞鄒國英

江南沛縣儒學生員蔣之儀

張學正

孟正履

葉　賛

辛維壎

張重華

山東兖州府滕縣儒學生員薛　亮

嶧縣儒學生員韓　袞同校

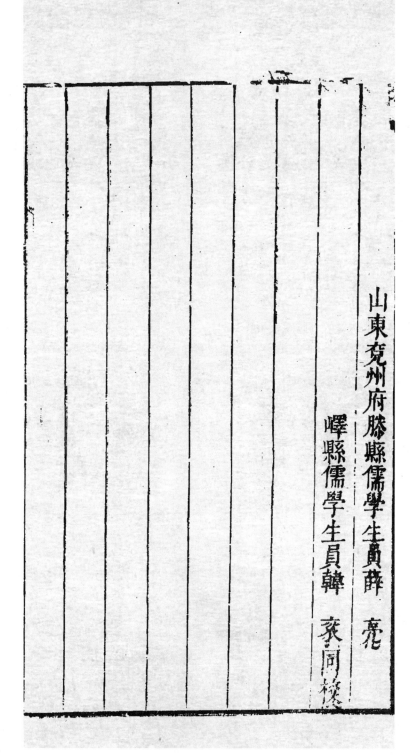

河源考

夏書禹貢導河積石至于龍門南至于華陰東至于底柱又東至于孟津東過洛汭至于大伾北過洚水至于大陸又北播爲九河同爲逆河入于海

蔡沈曰河至積石三千里而後至龍門經但一書積石不言方向荒遠在所畧也龍門而下因其所經記其自北而南則曰南至華陰記其自南而東則曰東至底柱又詳記其東向所經之地則曰孟津曰洛汭曰大伾又記其自東而北

則曰北過洚水又許記其北向所經之地則曰大陸曰九河又記其入海之處則曰逆河自洛汭而上河行于山其地皆可考自大伾而下其岸高于平地故決齧流移水陸變遷而洚水大陸九河逆河皆難指實然上求大伾下得碣石因其方向辨其故迹則猶可考也

漢書西域志西域中央有河其河有兩源一出葱嶺山下一出于闐于闐在南山下其河北流與葱嶺河合東注蒲昌海蒲昌海一名鹽澤者也去玉

門陽關三百餘里廣袤三百里其水停居冬夏不增減皆以爲潛行地下南出於積石爲中國河云山海經崑崙山縱橫萬里高萬一千里去嵩山五萬里有清河白河赤河黑河環其墟其白水出其東北陬屈向東南流爲中國河河百里一小曲千里一大曲發源及中國大率常然東流潛行地下至規期山北流分爲兩源一出葱嶺一出于闐其河復合東注蒲昌海復潛行地下南出積石山西南流又東迴入塞過燉煌酒泉張掖郡南與洮河

合過安定北地郡地流過朔方郡西又南流過五原郡南又東流過雲中西河郡東又南流過上郡河東郡西而出龍門汾水從東於北入河東即龍門所在龍門未開河出孟門東大溢是謂洪水禹鑿龍門始南流至華陰潼關與渭水合又東廻砥柱砥柱山名河水分流包山而過山見水中若柱然今陝州東河北陝縣三縣界及洛陽孟津所在至鞏縣與洛水合成皐與濟水合濟水出河北至王屋山而南截河渡正對成皐又東北流過武德

與沁水合至黎陽信都信都今冀州絳水所在絳
水亦曰潰水一曰漳水鉅鹿之北遂分爲九河鉅
鹿今邢州大陸所在大陸澤名九河一曰徒駭二
太史三馬頰四覆釜五湖蘇六簡七絜八鈎盤九
鬲津又合爲一河而入海齊桓公塞九河以廣田
居故館陶貝丘廣川信都東光河間以東城池九
河舊迹猶存漢代河決金堤南北多羅其害議者
常欲求九河故迹而穿之未知其所是以班固云
自茲距漢已亾其八枝河之故瀆自沙丘堰南分

也出焉故尚書稱導河積石至于龍門今絳州龍門縣界南至于華陰北至于砥柱東至于孟津在洛北都道所奏古今以爲津東過洛汭至于大伾洛汭今鞏縣在河洛合流之所也大伾山今汜水縣即故成皋也山再成曰伾北過絳水至于大陸其絳水今冀州信都大陸澤名今邢州鉅鹿又北播爲九河同爲逆河入海是也同合出九河又合爲一名爲逆河逆行也言海口有潮汐潮以迎河水

元史河源記河源古無所見禹貢導河止自積石漢使張騫持節道西域度玉門見二水交流發葱嶺趨于闐滙鹽澤伏流千里至積石而再出唐薛元鼎使吐蕃訪河源得之於悶磨黎山然皆歷歲月涉艱難而其所得不過如此世之論河源者又皆推本二家其說恠誕總其實皆非本眞意者漢唐之時外夷未盡臣服而道未盡通故其所歷不無迂廻艱阻不能直抵其處而究其極也元有天下薄海內外人迹所及皆置驛傳使驛往來如行

國中至元十七年命都實爲招討使佩金虎符往求河源都實既受命是歲至河州州之東六十里有寧河驛驛西南六十里有山曰殺馬關林麓穹隘舉足浸高行一日至巔西去愈高四閱月始抵河源是冬還報并圖其城傳位置以聞其後翰林學士潘昂霄從都實之弟闊闊出得其說撰爲河源志臨川朱思本又從八里吉思家得帝師所藏梵字圖書而以華文譯之與昂霄所志互有詳畧今取二家之書考定其說有不同者附注于下[illegible]

河源在吐蕃朵甘思西鄙有泉百餘泓沮洳散渙弗可逼視方可七八十里履高山下瞰燦若列星以故名火敦腦兒火敦譯言星宿也思本曰河源在中州西南直四川馬湖蠻部之正西三千餘里雲南麗江宣撫司之西北一千五百餘里帝師撒思加地之西南二千餘里水從地涌出入井其井百餘東北流百餘里滙為大澤曰火敦腦兒羣流奔輳近五七里滙二巨澤名阿剌腦兒自西而東連屬吞噬行一日迤邐東鶩成川號赤賓河又二三日水西南來名亦里出與赤賓河合又三四日水來南名忽闌又水東南來名也里木合流入赤賓

其流浸大始名黃河然水猶清人可涉思本曰忽闌河源出自南山其地大山峻嶺綿亘千里水流五百餘里注也里出河也里出河源亦出自南山西北流五百餘里始與黃河合又一二日岐爲八九股名也孫幹倫譯言九渡通廣五七里可度馬又四五日水渾濁土人抱革囊騎過之聚落糾木幹象舟傅髦革以濟僅容兩人自是兩山峽束廣可一里二里或半里其深叵測朶甘思東北有大雪山名亦耳麻不莫剌其山最高譯言騰乞里塔即崑崙也山腹至頂皆雪冬夏不消土人言遠年成氷時六月見之自

八九股水至崑崙行二十日思本曰自渾水東北流二百餘里與懷[illegible]火禿河合淮里火禿河源自南山西北偏西流入百餘里與黄河合又東北流一百餘里過郎麻哈地又正北流一百餘里乃折而西北流二百餘里又折而正北流一百餘里又折西而東流過崑崙山下番名亦耳麻不剌其山高峻非常山麓綿亘五百餘里河隨山足東流過撒思家郎濶濶提地河行崑崙南半日又四五日至地名而濶及濶提二地相屬又三日地名哈剌別里赤兒四達之衝也多寇盜有官兵鎮之近北二日河水過之思本曰河過濶提與亦西八思今河合亦西八思今河源自鐵豹嶺之北正北流凡五百餘里而與黄河合崑崙以西人簡少多處山南山皆不穹峻水益散漫獸有

犛牛野馬狼狍羱羊之類其東山益高地亦漸下
岸狹隘有狐可一躍而越之處行五六日有水西
南來名納隣哈剌譯言細黃河也思本曰哈剌河自白狗嶺之北
水西北流五百餘里與黃河合又兩日水南來名乞兒馬出二水
合流入河思本曰自哈喇河與黃河合正北流二百餘里過阿以伯站折而西北流經崑
崙之北二百餘里與乞里馬出河合乞里馬出河源自威茂州之西北岷山之北水北流即古當州
境正北流四百餘里折而西北流又五百餘里與黃河合河水北行轉西流過
崑崙北一向東北流約行半月至貴德州地名必
赤里始有州治官府州隸吐蕃等處宣慰司司治

濟州又四五日至積石州即禹貢積石五日至河州安鄉關一日至打羅坑東北行一日洮河水南來入河

思本曰自乞里馬出河與黃河合又西北流與鵰撈河合鵰撈河源自鵰撈山之西北水正西流七百餘里過禮塞塔失地與黃河合折而西北流三百餘里又折而東北流過西寧州貴德州馬嶺凡八百餘里與邈水合邈水源自青唐宿軍谷正東流五百餘里過三巴站與黃河合又東北流過土橋站古積石州來羌城廓州構米站界都城凡五百餘里過河州與野龐河合野龐河源自西傾山之北水東北流凡五百餘里與黃河合又東北流一百餘里過踏白城銀川站與湟水浩亹河合湟水源自祁連山下正東流一千餘里注浩亹浩亹河源自刪丹州之南刪丹山下東南流七百餘里注湟水然後與黃河合又東北流一百餘里與洮河合洮河源自羊撒嶺北東

北流過臨洮府凡八百餘里與黃河合又一日至蘭州過北卜渡至鳴沙河過應吉里州正東行至寧夏府南東行即東勝州隸大同路自發源至漢地南北澗溪細流旁貫莫知紀極山皆草石至積石方林木暢茂世言河九折彼地有二折蓋乞見馬出及貴德必赤里也思本曰自洮水與河合北流過達地凡八百餘里過豐州西受降城折而正東流過達達[illegible]地古天德軍中受降城東受降城凡七百餘里[illegible]而正南流過大同路雲內州東勝州與黑河合[illegible]河源自漁陽嶺之南水正西流凡五百餘里與[illegible]河合又正南流過保德州葭州及興州境又過[illegible]州凡一千餘里與吃那河合吃那河源自古[illegible]東南流過陝西省綏德州凡七百餘里與[illegible]

又南流二三百餘里與延安河合延安河源自陝西
蘆子關亂山中南流三百餘里過延安府折而正
東流三百里與黃河合又南流三百里與汾河合
汾河源自河東朔武州之南亂山中西南流過管
州冀寧路汾州霍州晉寧路絳州又西流至龍門
凡一千二百餘里始與黃河合又南流二百里過
河中府過潼關與太華太山綿亘水勢不可復南
乃折而東流大槊河源東北流所歷皆西蕃地至
蘭州凡四千五百餘里始入中國又東北流過達
達地凡二千五百餘里始入河東境內又南流逕
河中一千八百餘里通計九千餘里

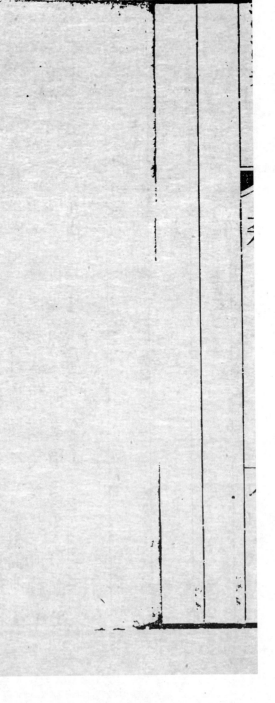

歷代河決考

史記禹抑鴻水十三年過家不入門緐河菑衍溢害中國也尤甚唯是爲務故道河自積石歷龍門南到華陰東下砥柱及孟津雒汭至于大伾于是禹以爲河所從來者高水湍悍難以行平地數爲敗迺釃二渠以引其河二渠其一出貝丘西南河之南折者也王莽時遂空其一則漯川北載高地過洚水至于大陸播爲九河同爲逆河入于渤海九川既疏九澤既陂諸夏乂安功施于三代

周定王五年河徙砱礫　晉景公十五年穀梁傳曰梁山崩壅河三日不流晉君召伯尊伯尊遇輦者問焉輦者曰君親素縞帥羣臣哭之既而祠焉斯流矣伯尊至君問之伯尊如其言而河流左傳曰伯宗

漢文帝十二年河決酸棗東潰金隄興卒塞之

武帝建元三年河水溢于平原元光三年河決于瓠子東南注鉅野通于淮泗汎郡十六天子使汲黯鄭當時發卒十萬塞之輒復壞　元帝永光五

年冬河決初武帝既塞宣房後河復北決于館陶分爲屯氏河東北入海廣深與大河等故因其自然不堤塞也是歲河決清河靈鳴犢口而屯氏河絕　成帝建始四年河決東郡金隄灌四郡三十二縣居地十五萬頃深者三丈敗壞官亭廬舍且四萬所以王延世爲河隄使者延世以竹落長四丈大九圍盛以小石兩船夾載而下之三十六日隄成河平三年河復決平原流入濟南千乘所敗壞者半建始時復遣王延世作治六月乃成鴻嘉

四年渤海清河信都河水溢溢灌縣邑三十一所
官亭民舍四萬餘所　新莽三年河决魏郡泛清
河以東郡先是莽恐河决爲元城冢墓害及决東
去元城不憂水故遂不隄塞
唐玄宗開元十年博州河决十四年魏州河溢十
五年冀州河溢　昭宗乾寧三年河漲將毁滑州
朱全忠决爲二河夾城而東爲害滋甚
後唐同光二年唐發兵塞决河先是梁攻楊劉決
河水以限晉兵所决河連年爲曹濮患命將軍婁

總甚督汴滑兵塞之未幾復壞
晉天福二年河決鄆州四年河決博州六年河決
滑州開運三年河決楊劉西入莘縣廣四十里自
朝城北流
漢乾祐元年河決魚池三年河決鄭州
周廣順二年河決鄭州滑州天福十一年黃河自
觀城縣界楚里村隄決東北經臨黃觀城兩縣
宋太祖乾德二年赤河決東平之竹村三年秋大
雨開封府河決陽武又孟州水漲壞中潬橋又梁

澶鄆俱河決四年滑州河決壞靈河縣大隄開寶四年河決澶淵泛數州　太宗太平興國二年河決孟州之温縣鄭州之滎澤澶州之頓丘七年河大漲壓清河淩鄆州城將陷塞其門急奏以聞詔殿前承旨劉吉馳往固之八年河大決滑州韓村泛澶濮曹濟東南流至彭城界入于淮九年河決滑州房村淳化四年河決澶州陷北城壞廬舍七千餘區　真宗咸平三年河決鄆州王陵埽浮鉅野入淮泗水勢悍激浸迫州城景德元年河決澶

州橫壠埽四年又壞王公埽並許詔發兵夫完治之大中祥符三年河中府白浮圖村河水決溢明年河決棣州聶家口五年本州請徙城居民重遷命使完塞既成又決于州東南李氏灣環城數十里民舍多壞六年乃詔徙州于陽信之八方寺七年河決澶州大吳埽天禧三年滑州河溢城西北天臺山旁俄復潰于城西南岸漫溢州城歷澶濮曹鄆注梁山泊又合清水古汴渠東入于淮州邑罹患者三十二 仁宗天聖六年河決澶州王楚

埽明道二年徙大明之朝城縣于社婆村廢鄆州之王橋渡淄州之臨河鎮以避水景祐元年河決澶州橫壠埽慶曆八年河決商胡埽皇祐元年河合永濟渠注乾寧軍至和二年河決大名館陶縣之郭固四年塞郭固而河勢壅甚議開六塔以披其勢嘉祐元年塞商胡北流入六塔河不能容是年復決水死者數十萬人 神宗熙寧元年河溢恩州烏攔堤又決冀州棗强埽北注瀛又溢瀛洲樂壽埽四年北京新隄決漂溺館陶永濟淸陽以

北又溢澶州曹村復溢衛州王供下屬恩冀貫御河奔衝爲一十年滎澤河決是歲河復溢衛州王供及汲縣懷州黄沁滑州韓村又大決于澶州曹村澶淵北流斷絶河道南徙東滙于梁山張澤濼分爲二派一合南清河入于淮一合北清河入于海丘濬曰此黄河入淮之始凡灌郡縣四十五而濮濟鄆徐尤甚壞田逾三十萬頃元豐元年決口塞詔改曹村埽曰靈平新堤成閉口斷流河復歸北三年澶州孫村陳埽及大吳小吳埽決四年小吳埽復大決

自澶注入御河五年河溢北京內黃埽又決鄭州原武埽溢入利津陽武溝刀馬河歸納梁山濼七年河溢元城八年河決大名之小張口元符三年河決蘇村　徽宗大觀元年邢州河決陷鉅鹿縣冀州河溢壞信都南宮兩縣三年河溢冀州信都又決清河埽是歲水壞天成聖宮橋

元世祖至元九年衛輝路新鄉縣河決二十三年河決衝突河南郡縣凡十五處役民二十餘萬塞之二十五年汴梁路陽武縣諸處河決二十二所

成宗大德元年河決杞縣蒲口塞之明年復決塞
河之役無歲無之是後水北入復河故道三年河
決漂歸德屬縣三年河決蒲口兒等處浸歸德府
數郡百姓被災　武宗至大二年河決歸德又決
封丘　仁宗延祐七年汴城路滎澤縣及開封縣
蘇村七里寺等處河決　泰定帝泰定二年河溢
汴梁三年河決陽武漂民居萬六千五百餘家尋
復壞汴梁樂利隄發丁夫六萬四千人築之　文
宗至順元年曹州濟陰縣魏家道口河水泛溢新

曹三隄一時咸決明日外隄復壞有蛇時出没于
中所下椿土一掃無遺　順帝至正四年夏久雨
黃河暴溢平地水深二丈許北決白茅隄又北決
金隄並河郡邑濟寧單州虞城碭山金鄉魚臺豐
沛定陶楚丘武城以至曹州東明鉅野鄆城嘉祥
汶上任城等處皆罹水患北侵安山沿入會通運
河延袤濟南河間壞兩漕司鹽場五年河決濟陰
漂官民廬舍殆盡二十六年黃河北徙先是河決
小疏口達于清河壞民居傷禾稼至是復北徙會

東明曹濮下及濟寧民皆被害
明洪武元年河決曹州從雙河口入魚臺大將軍
徐達開塌場口入于泗以通運時戴村未壩汶由
坎河注海運阻故引河入塌場以濟之二十四年
河決原武之黑陽山東經開封又南行至項城經
潁州潁上東至壽州正陽鎮全入于淮而故道遂
淤 正統十三年河決滎陽衝張秋尚書石璞侍
郎王永和都御史王文相相繼督夫十餘萬塞之
弗績 天順六年河溢決開封府北門淹毀官民

軍舍　弘治二年河決原武支流爲三一決封丘
金龍口漫祥符下曹濮衝張秋長堤一出中牟下
尉氏一泛濫儀封考城歸德入于宿命侍郎白昂
役丁夫二十五萬塞之五年復決金龍口潰黃陵
岡再犯張秋侍郎陳政督夫九萬治之弗績六年
乃命都御史劉大夏平江伯陳銳役丁夫十二萬
有奇一濬孫家渡口開新河導水南行由中牟至
潁川東入于淮一濬四府營淤河由陳留至歸德
分爲二派一由宿遷小河口入淮一由亳州渦河

入淮分土命工始塞張秋二年告成自是河南歲計河夫矣　正德四年河决曹縣楊家口奔流曹單二縣達古蹟王子河直抵豐沛舟楫通行遂成大河五年起工修治弗績八年河决曹縣以西娘娘廟口孫家口二處曹單居民被害益甚是年驟雨漲娘娘廟口以北五里焦家口衝决曹單以北城武以南居民田廬盡被漂没　嘉靖六年河决曹單城武楊家口梁靖口吳士舉莊衝雞鳴臺七年河决淤廟道口三十餘里河道都御史盛應期

開趙皮寨白河一帶分殺水勢八年沛縣飛雲橋之水北徙魚臺谷亭舟行閘面九年河決塌場口衝谷亭十三年又淤廟道口都御史劉天和役夫一十四萬濬之是年河決趙皮寨入淮又自河南夏邑大丘回村等集衝數口轉向東北流經蕭縣出徐州小浮橋下濟二洪趙皮寨尋亦塞十九年河決野雞岡由渦河經亳州入淮二洪大涸兵部侍郎王以旂開李景高支河一道引水出徐濟洪役丁夫七萬有奇八月而成尋淤二十六年決曹

縣衝谷亭三十二年决房村淤三十里都御史曾
鈞役丁夫五萬六千有奇濬之三十七年新集淤
忽向東北衝成大河而新集河由曹縣循夏邑丁
家道司家道出蕭縣薊門由小浮橋入洪淤凡二
百五十餘里趨東北段家口析爲六股曰大溜溝
小溜溝秦溝濁河胭脂溝飛雲橋俱由運河至徐
洪又分一股由碭山堅城集下郭貫樓又析五小
股爲龍溝母河梁樓溝楊氏溝胡店溝亦由小浮
橋會徐洪河分爲十一流遂淤四十四年河大淤

全河南逃沛縣戚山入秦溝北遶豐縣華山漫入
秦溝接大小溜溝泛濫入運河至湖陵城口漫散
湖陂從沙河至二洪工部尚書朱衡請開都御史
盛應期原議新河以[illegible]至[illegible]

歷代漕運考

禹貢冀州夾右碣石入于河兗州浮于濟漯達于河青州浮于汶達于濟徐州浮于淮泗達于河揚州沿于江海達于淮泗荊州浮于江沱潛漢逾于洛至于南河豫州浮于洛達于河梁州浮于潛逾于沔入于渭亂于河雍州浮于積石至于龍門西河會于渭汭

程頤曰冀爲帝都東西南三面距河他州貢賦皆以達河爲至

哀公九年吴城邗溝通江淮

杜預曰於邗江築城穿溝東北通射陽湖西北

至宋口入淮通糧道也今廣陵邗江是　按禹

貢揚州沿于江海達于淮泗謂沿江以入海由

海以達淮蓋江淮不通也吴人通之則是開渠

以通糧道已見于春秋之世矣

秦欲攻匈奴運糧使天下飛芻輓粟起于黄腄琅

琊負海之郡轉運北河率三十鍾而致一石

按海運在秦時已有之然率以三十鍾而致一

石是以百九十斛乃得一石盖通計其飛輓道路所費也

漢興高祖時漕運山東之粟以給中都官歲不過數十萬石

張良曰關中阻三面而守獨以一面東制諸侯諸侯安定河渭漕輓天下西給京師諸侯有變順流而下足以委輸

武帝元光中大司農鄭當時言關東運粟漕水從渭中上度六月而罷而渭水道九百餘里時有難

處引渭穿渠起長安并南山下至河三百餘里徑易漕度可三月罷而渠下民田萬餘頃又可得以溉此損漕省卒上以爲然發卒穿渠以漕運大便利

明帝永平十三年汴渠初成河汴分流復其舊跡

胡寅曰世言隋煬帝開汴渠以幸揚州據此則是明帝時已有汴渠矣

後魏自徐揚州內附之後經略江淮轉運中州以實邊鎮有司請于水運之次隨便置倉乃于小平

石門白馬津漳涯黑水濟州陳郡大梁凡入所各
立郎閣每軍國有須應机漕引
隋文帝開皇四年詔宇文愷率水工鑿渠引渭水
自大興城東至潼關三百餘里名曰廣通渠轉運
通利關內使之
煬帝大業元年發河南諸郡開通濟渠自北苑引
穀洛水達于河又引河通于淮海自是天下利于
轉輸
四年又發河北諸郡開永濟渠引沚水南達于北

河通涿郡

按隋開此三渠以通天下漕雖一時役重民苦

然百世之後賴以通濟焉

唐都關中歲漕東南之粟高祖太宗之時用物有

節而易贍水陸漕運不過二十萬石

丘濬曰創業之君賜予周給剏置經營時實需

財然漢唐之初歲不過一二十萬及夫繼世之

君往往歲漕至百倍其數河也史所謂用物有

節而易贍一言是以盡之矣

玄宗開元二十一年裴耀卿請罷陸運而置倉河
口乃于河陰置河陰倉河西置栢崖倉三門東置
集津倉西置鹽倉鑿山十八里以陸運自江淮漕
者皆輸河陰倉自河陰西至太原倉謂之北運自
太原倉浮渭以實京師益漕魏濮等郡租輸諸倉
轉而入渭凡三歲漕七百萬石
按自漢以來至于今日漕運之數無有踰于此
者
代宗廣德二載劉晏領漕事晏卽鹽利僱傭分吏

督之隨江汴河潤所宜故時轉運船由潤州陸運
至揚子斗米費錢十九晏命囊米而載以舟減錢
十五由揚州距河陰斗米費錢百二十晏造歇艎
支江船二千艘每船受千斛十船爲綱每綱三百
人篙工五十自揚州遣將部送至河陰上三門斗
米減錢九十江船不入汴汴船不入河河船不入
渭江南之運積揚州汴河之運積河陰河船之運
積渭口渭船之運入太倉歲轉粟百十萬石無斗
升溺者

按自古稱善理財者首劉晏然晏歲運之數止百一十萬石耳當時運夫皆是官僱而所用傭錢皆以鹽利非若今役食糧之軍多加兌糧為費也

宋定都于汴漕運之法分爲四路江南淮南浙東西荆湖南北六路之粟自淮入汴至京師陝西之粟自三門白波轉黃河入汴至京師陳蔡之粟自閔河即惠民河蔡河入汴至京師京東之粟歷曹濟及鄆入五丈渠至京師四河惟汴最重

按漢唐建都關中漢漕仰于山東唐漕仰于江淮其運道所經止于河渭一路宋都汴梁西衞八達之地故其運道所至凡四路

宋時歲漕東南米麥六百萬斛漕運以儲積爲本故置三轉般倉于眞（今儀眞）楚（今淮安）泗（今泗州）三州以發運官董之江南之船輸米至三倉卸納即載官鹽以歸舟還其郡卒還其家汴船詣轉般倉漕米輸京師往來摺運無復留滯而三倉常有數年之

按宋人轉般倉法江船之入至此即卸無留滯也汴船之出至此而發無覆溺也江船不入汴汴船不入江當時稱爲良法

眞宗景德三年內侍趙守倫建議自京東分廣濟河由定陶至徐州入清河以達江淮漕路以避險阜而水勢極淺雖置堰埭又歷呂梁灘磧之險罷之

按汴水入河故迹自漢明帝時王景修汴渠始至晉安時劉裕伐秦彭城內史劉遵考將水軍

山石門自汴入河隋煬帝自板渚引河歷滎澤入汴又自大梁之東引汴水合蔡河入泗達于淮今歸德宿州虹縣泗洲一帶汴河故堤尚有存者而河流久絶是則漢以來漕路所謂汴渠入河者率由蔡河入淮而呂梁之險未有以之爲運道者惟晋謝玄肥水之役堰呂梁水以利漕運蓋藉水以暫用耳非通運也宋人建此議又以歷呂梁險而竟罷由是觀之用呂梁以爲漕路蓋始自明時云

雍熙中轉運使劉蟠議開沙河以避淮水之險喬維嶽繼之開河自楚州（今淮安府）至淮陰凡六十里舟行便之

按沙河即今淮安府板牐至新莊一帶是也

徽宗重和元年發運副使柳庭俊言真揚楚泗高郵運河隄岸舊有斗門水牐七十九座限節水勢常得其平比多損壞詔檢討復修

元初糧道自浙西涉江入淮由黃河逆水至中灤旱站（在封丘縣）陸運至淇門（在濬縣）入御河以達于京後

又自任城（今濟州）分汶之西北流至須城（今東平州）入清濟故瀆通江淮漕經東阿至利津河入海由海道至直沽後因海口沙壅又從東阿陸轉抵臨清下漳御至京

至元十九年用伯顏言初通海道漕運抵直沽以達京城立運糧萬戶府三以南人朱清張瑄羅璧爲之初歲運四萬餘石後累增及三百餘萬石春夏分二運至舟行風信有時自浙西不旬日而達于京師內外官府大小吏士至于細民無不仰給

于此。

初伯顏平宋命張瑄等以宋圖籍自崇明州海道入京師至是遂建海運之策命羅璧等造平底海船運糧從海道抵直沽是時猶有中灤之運不專于海道也二十八年立都漕運萬戶府以督歲運至大中以江淮江浙財賦府每歲所辦糧充運自此以至末年多從海運矣

至元二十六年以壽張縣尹韓仲暉等言自安民山開河北至臨清凡二百五十里引汶絶濟直屬

漳御建牐三十有一度高低分遠近以節蓄洩賜
名會通河
按會通河之開始此然當是時河道初開岸狹
水淺不能負重每歲不過數十萬石故終元之
世海運不罷
至元二十八年都水監郭守敬言疏鑿通州至大
都河道導昌平縣白浮村神山泉過雙塔榆河[illegible]
一畝玉泉至西門入都城南滙爲積水潭出文明
門今崇文門至通州高麗莊入白河長一百六十四里

塞清水口十二處置壩牐二十座節水通漕為使
明年河成賜名通惠先時通州至大都五十里陸
輓官糧民不勝其倅至是皆罷之
明永樂初建都北平糧道由江入淮由淮入黃河
運至陽武發山東河南二處丁夫由陸運至衛輝
下御河水運至北京九年以濟寧州同知潘叔正
言命尚書宋禮役丁夫一十六萬五千濬會通河
乃開新河自汶上縣袁家口左徙二十里至壽張
之沙灣接舊河又命侍郎金純自汴城金龍口下

達魚臺縣塌場口築堤導河經二洪南入淮漕事
定爲罷海運
十四年平江伯陳瑄因運舟溯淮險惡乃棄舂維
嶽所開故道開清江浦五十餘里置四牐以通遭
嘉靖四十五年尚書朱衡開新河自南陽經夏鎮
道留城出鎮口通運以避谷亭舊道之淤
萬曆三十四年總河都御史李化龍開潤泇河自
夏鎮李家港口起至董溝㳺口改運道從之自是
漕舟不苦二洪之險及鎮口之淤至今利賴之

勅督理夏鎮等閘河道工部都水清吏司主事伙敬識于夏陽之思日堂

夏鎮漕渠志畧上卷

都水使者瀨水快數編輯

叙舊河

舊運道北由沙河横截昭陽湖西南經沛縣東抵赤龍潭轉入寨溝出荼城以通大浮橋故黄水自閘歸而下其北道之經曹單者常溢魚臺西衝其脇中道之出儀封由新集經蕭縣者又灌其口自黄陵岡旣築而漕之患専在徐沛矣正德初河决曹單直衝沛邑趋飛雲橋入運少司空崔巖役丁

夫四萬二千有奇弗能塞也直候其自定而後築
堤捍之嘉靖二年癸未決沛縣淤運道丙戌又決
丁亥決曹單城武廟道口淤中丞盛應期開趙皮
寨河舊道分殺水勢役丁夫五萬八千三月乃成
己丑決溜溝庚寅決塌場口癸巳冬趙皮寨河流
之南向亳泗歸宿者驟盛東向南靖者漸微梁靖
全河東出谷亭之流遂絶自濟寧至徐沛運道悉
淤中丞劉天和定計濬南旺淤淺築曹單長堤凢
役丁夫一十四萬三千九百餘運道始復庚子河

決野雞岡由渦入淮二洪俱涸特命少司馬王以
旂同河漕兩御史大夫濬李景口引水由蕭縣出
小浮橋以濟洪役丁夫七萬有奇迄壬寅復淤于
未河決曹縣衝谷亭癸丑決徐之房村而新集亦
淺漕舟阻閣于邳以下者至二千餘都御史曾鈞
疏請疏濬下流役丁夫五萬六千有奇兩閱月而
工竣戊午秋新集至小浮橋悉淤水從新集下段
家口出爲大小溜溝秦溝濁河胭脂溝飛雲橋凡六
俱由運河奪泗水至徐入洪其一由碭山縣分爲

龍溝毋河粱溝楊氏溝胡店溝亦由小浮橋會徐洪甲子于上泉流皆淤而統會于秦溝乙丑秋全河之水俱徙于壯從沙河至徐呂二洪無復漕渠之跡蓋下流龐家屯一淤水遂逆行實由新集正道先淤水無所容勢分力弱遂以併淤而成其橫流也歷考嘉靖間河之入漕爲梗者凡六其決口歷歷在谷亭孟陽湖陵廟道口間而害惟庚寅壯從爲大漕之寄于河而受梗者屢見莫大于辛亥房村之決大決卽大淤亦大費小決亦小費爲漕[illegible]

無所惜特患工之不能久中丞劉天和濬漕河上流之淤使漫流就下以濟二洪其爲利頼垂十年最久矣辛亥壬子間尋治徐淮下流爲漕利亦廿餘年而上流積淤受淤迫而縱橫衝射如乙丑之逆行爲從來河患所未有故事窮則變而南陽新河之績開矣通計河之經流自沙河至謝溝閘一百六里爲沛縣境自謝溝閘南至雙溝一百二十五里爲徐州境而工部分司駐沽頭上閘蓋適當徐沛之中也廟轄自湖陵城閘以上鷄鳴臺淺

起下至黃家閘止共一百九十三里

按河之當治固不問其濟運與否而皆不容已者也顧運道勢不能不藉于黃而黃河寔為運道之梗故用之二里則有一里之害避之一里則有五里之利觀舊運道之數淤數潰勞費無極亦可為前車之鑒矣新河之役豈得已哉敝是以考鏡前事而不敢不誌之詳也若其開廢已歸荒廢堤淺則既盡沉淪故俱略而不

敘新河

南陽新河之議實倡於嘉靖初司空胡世寧是時河決沛縣北入雞鳴臺口漫昭陽湖塞運道世寧以南司空應召上言今日之事開運道最急治河次之運道之塞河流致之也使運道不假於河則亦易防其塞矣計莫若於昭陽湖東岸滕沛魚臺鄒縣界擇土堅無石之地另開一河南接留城北接沙河口就取其土厚築西岸爲湖之東堤以防河流之漫入山水之漫出而隔出昭陽湖在外以

爲河流漫散之區下其議總河都御史盛應期以
爲可行役丁夫九萬八千開渠自南陽經三河口
過夏村抵留城百四十里已閱四月怨讟上聞詭
職停工自是四十年無敢言改河者至乙丑河决
壞推撑南司寇朱衡尚書工部兼御史大夫治之
衡謂黄水未消工難措手惟此地形高土堅黄水
不侵河路徑捷輓輸更便疏請開挑以爲運道兼
採中丞潘季馴議請濬留城口至白洋淺舊河屬
之新河言官有劾衡誤事虐民者蓋意實狃于治

頭舊運而乘兩久水溢以阻其成也會給事何起
鳴以勘議上言舊河難復新河宜開得報可其時
南陽口至仲家口已通舟行惟夏村迤北十七里
未與水接乃加力開濬創利建珠梅夏鎮西柳莊
四閘砌馬家橋埽口石堤過河之出飛雲橋者入
秦溝復留城至赤龍潭舊河五十餘里以接泉水
六月工甫績適暴雨黃溢衝新是幾盡百中橋至
白洋淺一帶亦淤言官復劾衡悞河〻而衡報粮
艘已過薛河抵南陽出口北上得不問迫九月馬

家橋石堤成水南趋奉溝飛雲橋之流始断而言官終以復舊為便謂新河不足恃衡言黄水自西来西舊河在昭陽湖西横截舊河以達湖水去沙停河所以数年必一淤者正坐此耳若新河則在湖之東相距漸遠故黄水淤塞舊河而不及新河則有之矣未有至新河而不淤舊河者也廷議邑勉從之隆慶元年夏五山水驟漲衝塌薛河石堤壞粮艘数多議復譁然給諫吳時來言舊河已不必議惟新河所受上源山水宜亟為疏濬之謀詔

仍下衙門晝於是經理沙薛上流既開東邵支河以殺其勢而卽于東邵築土壩薛河口築石壩以障其流又挑王家口支河以洩薛河之水而卽于王家口彖裡溝各築土壩以攔薛水之溢挑黃甫以洩沙河之水而卽于黃甫翟家口宋家口各築土壩以捍沙河之趋而昭陽湖之積水復大挑回回墓河以瀉之于是運道俱由新河改夏村為夏鎮移沽頭分司駐焉所轄河官閘座夫役俱為一變

按新河者以別舊河也泇成而新皆舊矣猶曰新河存始也然有夏鎮河有留城河有李家口河有鎮口河而總名之曰新河也夏鎮河爲尚書朱衡所開乃尋中丞盛應期未竟之緒者其河起南陽經七十八里至王家口縣宋家集折而東又南經夏村五十七里而至留城者是也留城河又尚書朱衡採中丞潘季馴議疏濬舊河屬之新河者其河北至滿家橋四十里南經境山由茶城口四十五里出濁河者是也自李

泇口河開久已廢之湖中矣李家口河則中丞
潘季馴所開以避留城一帶之湖水者其河自
呂公堂迤西轉東南經龍堂至內華閘以接新
改之鎮口河共一百里鎮口河則中丞凌雲翼
所徙一十八里內建三閘隨舟出入爲啓閉者
開成不勝黃水之灌注閉日常多諸湖泛濫新
舊兩渠仍通爲一矣觀其一二十年間屢變屢
遷總以地逼于黃故河得以乘我而爲害也泇
河之開豈不大有遵乎運道哉

閘座

其爲夏鎮河之閘四扗夫利建閘六十里曰珠梅
閘南二十八里曰楊莊閘又南八里曰夏鎮閘莊
閘今見行稍南爲李家港口洳河之所自起也又
南五里曰滿家閘今廢即滿壩俱沛地
留城河之閘六自滿家閘而南曰西柳莊閘爲滕
地曰馬家橋閘曰留城閘曰黃家閘曰境山閘廖
厝閘中丞凌雲翼又置梁境閘俱徐地
李家口河之閘二自呂公堂迤而南曰龍塘閘曰

玉成閘

鎮口河原建之閘三曰內華曰古洪曰鎮口後中丞楊一魁又增置一內華閘一東鎮口閘所謂兩鎮口遥相對一閉挑濬卽一啓通漕者

見存之壩

曰黄甫壩攔沙河水使西從趙溝入蜀山湖其南爲翟家壩則洩沙水入湖者又南爲宋家口壩又南爲懽城壩皆攔沙水入尹家窪趕牛溝壩攔水使不合沙河曰東邵壩攔薛水使入彖裡溝其南

又爲冢裡溝壩攔薛水使入張莊湖曰王家口壩攔薛水使由東滄橋入郗山湖曰薛河口石壩攔出口之沙又羊山南攔水壩一曰戴家壩又橫築冢山之西北爲蓄水壩一曰伊家林壩皆南迤內華閘

見存之隄

[illegible]典莊縷隄王家集東縷隄馮家集縷隄徐家隄口縷隄龍塘集迤西縷隄龍塘閘迤西縷隄鄒家家口隄丁家集迤南縷隄玉皇廟迤北縷隄玉皇

廟迤南縷隄牛角灣地方縷隄范家山水口迤南隄里仁集迤南運隄龍塘東邊運隄俱屬徐自呂壩起至里仁集運隄滿家閘以下舊運隄俱屬沛

爲水口者九

曰李家口西連棗莊昭陽等湖東連李家呂孟等湖蜀山南陽上源諸水俱從此東注曰鄒家水口東通湖曰丁家集水口在龍塘閘南東通湖西南通萬家口黄水大發直射此集曰龍興寺水口曰榮家莊水口曰范家山水口東通牛角灣西通義

安山黄河黄水大發由唐家溝入此口曰董家溝
水口
爲支河四
王家口至東滄橋一道冢裡溝至張家寨出郗山
湖一道東邵一道沙河上源黄甫至宋家口一道
其湖河泉不載以今皆爲泇河之用故另載之
川源志而不復贅矣

叙泇河

泇以嶧東西兩泇水得名西泇自抱犢山東南流與東泇合又南合武河入泗謂之泇口淮泗舟楫通焉而嶧之南有中心溝復受衆水下流東會丞水入泇隆慶丁卯庚午間徐邳淤御史大夫翁大立屢疏請開河自馬家橋經利國監入泇口出邳州以避秦溝徐呂之險科臣雒遵言河出馬家橋葛虛嶺高出河底五丈餘侯家灣梁城多伏石周栁諸湖達直河口須築堤水中功費無算議遂寢

萬曆癸巳雨潦大作河決泧上灌徐沛潰漕隄幾
二百里總河舒應龍求通洩之途於微湖東得韓
家莊其地在性義嶺南不經葛盧嶺而可引湖水
由彭河注之泇乃疏請開支渠四十餘里凡閱五
月工成猶未能通漕也自黄堌口決鎮口淤數年
間專用力於分黄道淮及接引黄流出小浮橋濟
運而開挑未久淤塞隨之已亥秋御史大夫劉東
星來治河屬本司梅主政議舉韓莊未竟河工淺
者深之狹者廣之併鑿侯家灣梁城通泇口便可

舟以水溢暫撤辛丑春上疏請竟前功得報可於是不問淺狹難易一切修濬建鉅梁橋石閘一德勝萬年萬家莊各草閘一是年漕艘由泇行者十之三矣癸卯霖雨水漲河決黃莊入昭陽湖穿李家口逆行從鎮口出御史大夫李化龍定計開泇乃議棄王市以下三十里之泇河逕從王市取直達紀家集南當河深處以避鼉郗山及周柳諸湖百里之險通計挑河建閘壩凡工費二十萬八千一百有奇乃上疏言今之稱治河難者謂河由

宿遷入運則徐邳泗而無以載舟是以無水難也
河由豐沛入運則漕堤壞而無以維繂是以有水
難也泇河開而運不借河有水無水第任之耳疏
瀹決排皆無庸矣善一又以二百六十里之泇河
避三百三十里之黃河二洪自險鎭口自淤不相
關也善二運借河則河爲政河爲政則河得以困
我運不借河則我爲政我爲政則我得以熟察機
宜而治之其利害較然睹矣善三糧艘過洪每爲
河漲所阻運入泇而安流無患過洪之禁可弛㕘

[illegible]之患可免善四廷議韙之遂改挑直河之支渠修砌王市之石壩平治大泛口之湍溜撈濬彭家口之淺沙以及建閘設壩次第畢舉而運道寔賴之矣顧糧艘既盡趋泇邳徐人情不便使客亦苦郵驛之遥怨咨流傳謂黃不可廢于是總河疏請專用泇以通運兼用黃以囘空言泇渠歷春夏伏秋多沙淤當如南旺例以寒沍暫塞一大修治計以每年三月初開泇壩九月初則塞之九月初開呂壩次年二月終則塞之通計開泇二百六十里

內分邳屬一百里隸中河而夏鎮所隸自李家港口東至黃林莊共一百六十里

攷泇河之開用湖避黃鑿嶺避湖維舒中丞應龍克經厥始劉中丞東星克和厥中李中丞化龍克成厥終而本司梅守相寔襄厥成艱難弘濟四君子其多于前功矣

迺計夏鎮管轄現行運道西自珠梅閘東北黃林莊共一百九十四里其地由沛滕嶧抵下邳自珠梅閘至劉昌莊四十八里屬沛縣管河主簿兩轄

以淮徐河務同知滕地起劉昌莊至朱姬莊四十八里屬滕縣管河主簿嶧地起朱姬莊至黃林莊九十八里屬嶧縣管河縣丞而總轄以兗之泇河通判地跨南北河兼新舊經理彈壓責在分司是以萬曆三十五年領給勅諭比照中河事例一體行事自此夏鎮工部分司三年將滿預呈本部咨吏部推補更替領勅赴任以爲常

閘座

東去夏鎮閘七十里爲韓莊閘南通利國監北通

沙溝廠民居輻輳亦一阜區也又東二十里爲德勝閘又十二里爲張莊閘又八里爲萬年閘又十里爲丁廟閘又六里爲頓莊閘又十二里爲侯遷閘又八里爲臺莊閘其東五里則黃林莊也若彭家口之三洞閘郗山韓莊之減水閘湖口閘皆附焉

壩

一彭家口壩以過許由三山龍灣諸泉之由彭口出者一拖泥溝壩以過許池泠浪諸泉之由大泓

口出者

[illegible]園

在新河口　一在栢山

草廠

徐州鎮[illegible][illegible]縣戚[illegible]廠　泇河廠

新[illegible][illegible][illegible]廠

呂壩廠　彭口廠　韓莊廠

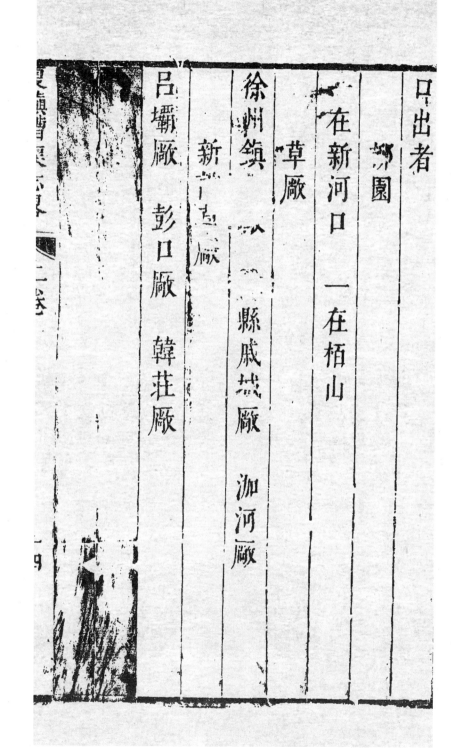

川源志

謀運道者必藉湖泉諸水之灌注而不可測者
天行之暵潦也暵極則泉竭湖涸而運梗潦極
則泉湧湖溢而運浸故慮其梗也爲之疏泉閘
湖濬淺以瀦之內虞其浸也爲之增隄益壩閘
支塞口以防之外此治河之大槩也然不知水
之所從出與其所由入又胡從而瀦之防之乎
故爲之志川源而湖河泉其詳之矣

爲湖者十四而昭陽湖爲最大

昭陽湖有大小二在新河下流於漕無裨泇河通
資微呂諸湖以濟韓莊東之運道則又據湖上游
所受蜀山諸流從棗莊湖出李家口甚急其東即
棗莊湖又東爲李家湖其在郗山之南曰郗山湖
又南爲微山湖又東南爲呂孟湖又東爲張莊湖
又東爲韓莊湖名有不同實無限隔總歸韓莊戶
閘出若蜀山馬腸坡二湖皆自南陽橫截新河以
入昭陽湖而占新河之上流其利漕最甚其常阜
平山白山南浴四湖在德勝周莊臺莊兩岸則水

淺瀰漫冬春消涸無濟于泇而水口反爲縴道之梗

爲河流者十三而泗沂汶洸爲最大

泗水舊繇茶城口流至徐今由泇流經邳入黃

沂水舊止小沂河出尼山者會泗水出師莊閘濟運今出艾山會蒙陰諸泉合流至邳者俱入運二

汶水一出沂州蒙山之東澗谷一出沂水縣南山谷俱入盧河與南旺分水之汶異派而同歸濟運

洸水無源而稱濟運者以汶水之分自洸始也此

外上源二百餘泉皆合四水會于南陽以下諸湖
界河源出滕縣龍山會鄒之白水西流至染山前
爲温水湖又西會北石橋泉至橋頭入新河
北沙河源出鄒嶧山經滕龍山前至周林納七里
溝泉趨休城分南北兩道至橋頭入新河
三里河源出滕東北四里許流至太顏村受小鄉
泉又西受大烏泉至梛家口入新河
南梁水源出滕東北趵突荆溝二泉流至躋雲[illegible]
北轉折爲九曲至滿家口入新河

沙河即漷水出滕東述山西流過祝其城會黃約山諸泉南過鳳凰山納龜步水南至華盖山受石溝水西至梁山村納明河水南至滄溝折而西過沙河店爲皇甫壩所遏北趨趙溝由蜀山湖入新河

薛河源出滕寶峰山爲西江納永豐鳳凰二泉西至薛山受悟眞巖泉南流至靴頭城東江出胡陵山伏流至梛泉湧出西流至靴頭城南轉北會西江同爲薛河經昌慮南瀦爲刁潭西納玉華泉又

西納義河泉逕豐山東過官橋至東邵爲壩脐邉由奚公山新闢支河迤西南白河入泇白河原名南明河出嶧黑風口諸山西經梁山奚公山由永豐村西南經白山入泇

泥溝河源出白馬山西南流過沙溝入呂孟湖西泇水出嶧縣東壯抱犢山東南流與東泇會又南合武河入泗謂之泇口

爲泉者十七而諸附流及已見湖河者不與焉

靈泉俗謂之搬井泉出嶧縣東暨村西流繞西暨
集逕入新河
南石橋泉俗謂之趕牛溝出官橋西過薛城南流
從三河口入新河
黃溝泉出佃戶屯東下至栢山與白水會由牛家
橋入洳河
許由泉出嶧西陳郝集其西北地曹莊有泉一西
南有温水泉皆西流相合至東滄橋西又有泉名
温水自南來三山泉自北來會流出西滄橋橋南

又有龍灣泉合流抵康流壩經蔣家集出彭口壩
玉華泉出嶧西白茅山經建陵城入新河
奉聖泉黑龍泉野溝泉劉家泉海眼泉馬跑泉俱
出徐州北由運鐵河入泇
滄浪淵出嶧北東梢峪東流逕靈峰山過裴山南
與許池泉會
許池泉出嶧西午嶺其泉曰珍珠曰鍋曰飾曰灰
曰金花凡五東流納會水河與滄浪泉合過孺子
橋至泥溝集而覇王山泉自西北來會直同大泛

口出今建石壩于浢溝遏之由馬營□出針鈴口
又于馬藺屯築土壩遏水向西行以□下廟閘此
即所謂承水以嶂為舊承縣也
龍王泉出嶂西南庫山經澗頭集分流一由萬年
閘上一出閘下
牛山泉出嶂西南牛山南流出萬年閘上
後孟山泉在泇河南近張莊閘出口
巫山泉出嶂東南平地出侯遷閘下

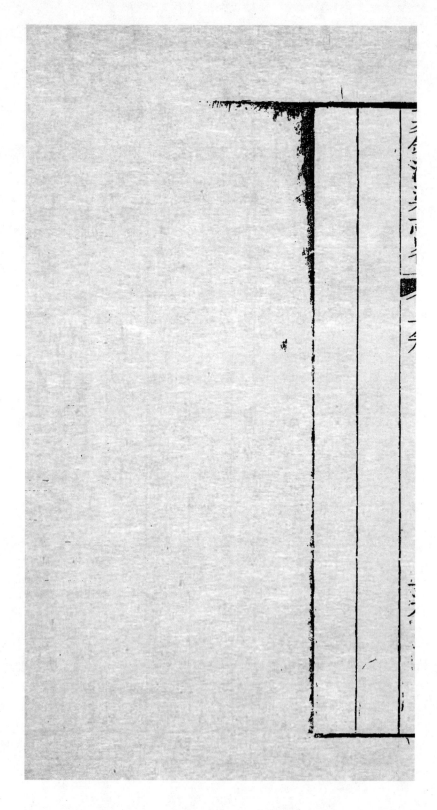

職官志

河漕爲根本重計故晝地而授之官直隸之有都水使者署由來舊矣轄豫南東二省地綜新舊兩河較諸司之責成特重焉其奉命而涖茲土者或膺肇造之艱或循奠安之績雖時代旣殊而皆拮据此一綫之河流與有勞勩于我
國家者也茲考
開代以來列使者姓氏誌之而遡自設署以迄于今曁若所屬咸得僉記

陳楠號鹿峰浙江奉化人嘉靖壬戌進士四
十四年任
錢錫汝號朗峰直隸武進人嘉靖乙丑進士隆
慶二年任萬曆元年陞任
季膺號雁山直隸泰興人嘉靖乙丑進士隆
慶四年任
高自新號劍山直隸獲鹿人隆慶戊辰進士六
年任
陸檄號冲臺直隸長洲人萬曆甲戌進士一

年任

詹思謙號洞源浙江常山人萬曆甲戌進士五

年任

王煥號鍾白湖廣咸寧人隆慶辛未進士萬

曆五年任

詹世用號荷湖江西弋陽人隆慶戊辰進士萬

曆八年任

韓杲號文軒河南光山人萬曆辛未進士十

一年任

楊　信號勛我陝西咸寧人萬曆癸未進士十
三年任
余繼善號見桐河南固始人萬曆庚辰進士十
六年任
錢養廉號心卓浙江仁和人萬曆己丑進士二
十年任
尹從教號少方四川宜賓人萬曆戊辰進士二
十一年任
楊爲棟號寓肩四川綦江人萬曆己丑進士一

十四年任

梅守相號春寰直隸宣城人萬曆己丑進士一

十六年任

茅國縉號二岑浙江歸安人萬曆癸未進士三

十四年任

湯沐號鄖陸湖廣安陸人萬曆壬辰進士三

十五年任

劉一鵬號南溟江西南昌人萬曆壬午舉人出

十八年任

錢時俊號仍峰直隸常熟人萬曆甲辰進士四
十年任
石炬號訥韋湖廣興國州人萬曆丁未進士
四十三年任
黃元會號陽平直隸太倉州人萬曆癸丑進士
四十六年任
張應完號賓槎浙江鄞縣人萬曆丁酉解元四
十八年任
章謨號定泓浙江德清人萬曆丁未進士

啓元年任
陸化熙號濬源直隸常熟人萬曆癸丑進士天
啓元年任
劉泓號長源浙江海鹽人萬曆己未進士天
啓三年任
朱瀛達號齡洲浙江餘姚人萬曆癸丑進士天
啓五年任
豐建號萬年浙江鄞縣人天啓乙丑進士六
年任

吳昌期號蓮坡浙江嘉興籍南直吳江人萬曆
乙酉舉人崇禎二年任
趙士履號南屏江南常熟人官生崇禎五年任
于重慶號祖洲江南金壇人崇禎辛未進士八
年任
宮繼蘭號鶩鄰江南泰州人崇禎丁丑進士十
一年任
朱錫元號惕菴浙江山陰人崇禎戊辰進士十
四年任

楊天游號興寰遼東濟陽人生員順治一

高鵬南號養六山東曹縣人順治丙戌進士五

年任

狄敬號陶隣江南溧陽人順治己丑進士八

年任

常錫胤號御冷河南鄢陵人順治戊子舉人十

一年任

顧大申號見山江南華亭人順治壬辰進士十

四年任

李禧熊號省薇浙江仁和人順治壬辰進士

七年任

郭諫號懷藎山東福山人順治戊戌進士康

熙二年任

符應琦號毅齋直隸饒陽人順治乙未進士康

熙五年任

戚崇進號仲升山東威海人順治戊子拔貢康

熙八年任

屬官

江南淮安府管理徐屬河務同知一員

山東兗州府管理泇河兼馬政捕務通判一員

屬州縣

江南徐州　蕭縣　碭山縣　豐縣　沛縣

山東兗州府滕縣　嶧縣

專設河官

江南徐州上河判官　沛縣管河主簿

山東滕縣管河主簿　嶧縣管河縣丞

閘官
江南楊莊閘官一員帶管珠梅閘
夏鎮閘官一員
山東韓莊閘官一員　萬年閘官一員
頓莊閘官一員　臺莊閘官一員
丁廟閘官一員係西椰莊閘遷移
德勝張莊俟遷三閘不設官附近各閘官帶
管

夫役志

夫役之設為河役也稍食之設為夫養也其夫有閘壩淺溜河衙齊役之異名而所食亦有江南徐屬及山東東兗濟單定陶之異地考沽頭原額夫數多至三千餘奇而後乃漸加汰革也至抽而為兵占而役其工食因有革去免編者有夫革食存借為河道用者故舊額皆虛名新額為定數自隆慶以後占役盡歸見夫而胥隸不得以虛冒工食盡責州縣而催提無額丁

部司爲可按冊而受成事焉然其裁停兵占贅
夫之異數并各郡縣額徵之異編又爲可以示
悉之足爲夫役志

新定夫額

江南徐州上河判官下原額淺閘夫二百六十九
名

一食徐州編銀上河淺夫二百三十九名除撥
兵二十四名申華逛夫六十八名正食撥[illegible]
扣貯實存見夫一百四十七名

一食廬州府椿草工食珠梅閘守閘夫三十名

沛縣管河主簿下原額淺溜河閘夫六百九十

九名

一食豐縣編銀河夫二百三十二名除裁華夫

二十八名工食按季扣庫實存見夫二百零

四名

一食豐縣編銀夏鎮閘守閘夫四十名

一食沛縣編銀淺夫八十八名

一食蕭縣編銀河夫一百九十三名除裁夫一

十九名工食按季貯庫實存見夫一百七十
四名
一食碭山縣編銀溜夫一百一十六名除裁夫
一十九名工食按季貯庫實存見夫九十七
名
一食碭山縣編銀楊莊閘守閘夫三十名
山東滕縣管河主簿下原額壩閘夫三百零九名
一食兗州編銀壩閘夫一百六十三名除抽兵
九名扣餉一十六名裁革本司占役快手二

名裱褙匠一名兗東道占役水手十名泇河
廳占役書手三名水手六名停役八名裁革
八名工食俱按季扣貯濟庫實存河夫五十
八名守德勝閘夫二十二名守萬年閘夫二
十名
一食東昌府編銀河夫三十六名除抽兵三名
一扣餉四名裁夫三名又裁泇河廳占役書手
一名本司占役抄報吏一名停役一名工食
俱按季貯庫實存河夫二十三名

一食滕縣編銀河閘夫四十三名除抽兵三名扣餉五名裁滕河衙占役書手一名停役二名裁夫二名工食按季扣解濟庫實存河夫二十六名守丁廟閘夫四名

一食單縣編銀河閘夫四十六名除抽兵一名扣餉六名裁泇河廳占役書手二名工食按季扣解濟庫實存河夫七名守德勝閘夫八名守萬年閘夫十名守丁廟閘夫一十二名

一食定陶縣編銀河閘夫二十一名除抽兵一

餼扣餉三名裁夫一名工食俱按季解貯濟
庫實存河夫一十二名守丁廟閘夫四名
嶧縣管河縣丞下原額徭閘夫六百四十四名
一食兖州府庫河道銀徭夫五百一十四名除
抽兵四十二名扣餉五十九名停役未補逃
夫一百一十九名裁革兖東道占役水手四
名泇河廳占役書手三名水手二名本司占
役水手二名木匠一名嶧河衙占役書手二
名丁廟閘廠夫占役一名又先裁夫三十一

名工食俱不支實存河夫二百一十七名守
張莊閘夫三十名
一食兗州府庫河道銀韓莊閘夫三十名丁廟
閘夫十名頓莊閘夫三十名侯遷閘夫三十
名臺莊閘夫三十名共一百三十名
新定夫食
江南省每夫歲額工食銀十兩八錢
一徐州額解上河淺夫除抽兵裁革外存夫六
一百四十七名每年該工食銀一千五百八十

名每季二兩七錢每季該工食銀五百五十
兩八錢遇小月扣貯在庫遇閏月給夫
一食豐縣額解夏鎮閘守閘夫四十名每年該
工食銀二百八十八兩每名每季一兩八錢
每季該工食銀七十二兩遇小月不扣遇閏
月不給赴夫每名每季原額二兩七錢該
造賦役成書每名每季減去九錢呈蒙
總河批允在羨夫銀內每季加添九錢
一沛縣額解淺夫八十八名每年該解銀九百

七兩六錢每名每季七兩七錢每季該解銀三百九十六兩九錢遇小月扣貯存庫遇閏月給夫

一食廬州府樁草工食珠梅閘守閘夫二十名每年該工食銀三百二十四兩每名每季五兩七錢每季該解銀八十一兩遇小月扣貯沛庫遇閏月照數解給

一食豐縣額解河夫除裁華外存夫二百零四名每年該工食銀一千二百零三兩六錢每

五十兩四錢每名每季二兩七錢每季該工食銀二百三十七兩六錢遇小月扣貯在庫遇閏月給夫

一蕭縣額解河夫除裁華外存夫一百七十四名每年該工食銀一千八百七十九兩二錢每名每季二兩七錢每季該工食銀四百六十九兩八錢遇小月扣貯在庫遇閏月給夫

一碭山縣額解河夫除裁華外存夫九十七名每年該工食銀一千零四十七兩六錢每名

每季二兩七錢每季該觧銀二百六十一兩
九錢遇小月扣貯在庫遇閏月給夫
一碭山縣額觧楊莊閘守閘夫三十名每年該
工食銀二百一十六兩每名每季一兩八錢
每季該工食銀五十四兩遇小月扣貯在庫
遇閏月給夫此夫每名每季原額二兩七錢
該縣造賦役成書每季每名減去九錢呈蒙
總河批允在裁夫銀內每季每名加添銀九
錢

已上各州縣工食先俱繇本司按季催提行
府廳給放順治八年蒙　總河楊題准責
各州縣印官每季孟月初旬同里長唱名給
散

山東省每夫歲額有十兩八錢者有十二兩者俱
每夫歲給銀十兩八錢餘銀扣貯以充他費
一兖州府額解堤閘夫除抽兵扣餉外一百三
十八名每年解銀一千六百三十三兩四錢
八分八釐每季解銀四百零八兩三錢七分

二厘河閘夫共一百名每名每季二两七錢
共銀二百七十两停役八名裁革八名每名
每季二两七錢共銀四十三两二錢發貯滕
庫詳允本司快手工食二名每名每季二两
七錢共銀五两四錢呈詳 河院裁革工食
扣貯濟庫兖東道水手工食十名每名每季工食
銀二十七两加河廳書手三名每名每季十三
两共銀九两又水手六名 每季工食銀一十
六两二錢呈詳 河院裁革又本司隷揹匠

工食一名每季工食銀二兩七錢亦蒙裁革
每季除給夫外餘銀三十四兩八錢七分二
厘發貯濟庫遇小月亦扣貯濟庫聽河道支
用遇閏月該府額解銀一百三十六兩一錢
二分四厘除給夫外餘銀一十一兩六錢二
分四厘發貯濟庫今奉河院詳示將裁革
停役餘銀俱不支發止存見用工垻夫五十
八名每季詳請支給工食銀一百五十六兩
六錢德勝閘夫二十二名萬年閘夫二十名

每季詳請支給工食銀一百一十三兩四錢
東昌府額鮮堪夫除抽兵扣餉裁革外二十
六名每年鮮銀三百五十七兩九錢六分每
季詳鮮銀八十九兩四錢九分河夫二十三
名每名每季二兩七錢共給銀六十二兩一
錢停役一名每季二兩七錢奉　河院裁革
泇河廳書手一名工食銀三兩本司扣報吏
一名工食銀二兩七錢每季除給夫外餘銀
一十八兩九錢九分俱扣貯府庫遇閏月詳

府額解銀二十九兩八錢三分除給夫外餘
銀六兩三錢三分扣貯府庫
一滕縣額解堤閘夫除抽兵扣餉外三十五名
每年解銀四百三十四兩八錢四分四厘每
季解銀一百零八兩七錢一分一厘河閘夫
三十名每名每季二兩七錢共給八十一兩
停役裁革四名每名每季二兩七錢共一十
兩八錢奉　河院裁革滕河衙書手一名工
食銀二兩七錢按季俱扣解濟庫每季除給

夫外餘銀一十四兩二錢一分一厘扣解濟
庫遇小月亦扣貯濟庫聽河道支用遇閏月
該額解銀三十六兩二錢三分七厘除給夫
外餘銀四兩七錢三分七厘發貯濟庫

一單縣額解閘垻夫除抽兵扣餉外三十九名
每年解銀四百八十二兩三錢二分八厘每
季該解銀一百二十兩五錢八分二厘河閘
夫三十七名每名每季二兩七錢共給九十
九兩九錢奉　河院裁革泇河廳書手二名

每名每季工食銀三兩共銀六兩每季除給夫外餘銀一十四兩六錢八分二釐發貯濟庫遇小月亦扣貯濟庫俱河道支用遇閏月該縣額解銀四十兩一錢九分四釐除給夫外餘銀四兩八錢九分四釐發貯濟庫

一定陶縣額解壩閘夫除抽兵扣餉裁革外一十六名每年該解銀一百八十一兩四錢四分每季該解銀四十五兩三錢六分河閘夫一十六名每名每季二兩七錢共給四十三

兩二錢每季除給夫外餘銀二兩一錢六分
發貯濟庫遇小月亦扣貯濟庫供河道支用
遇閏月該縣額解銀一十五兩一錢二分除
給夫外餘銀七錢二分發貯濟庫
以上東兗二府滕嶧定三縣額解工食每季
除給夫外餘銀八十四兩九錢一分五釐解
詳允每季以五十兩充濟河廳公費令奉
河院詳示俱發貯庫餘銀三十四兩九錢一
分五釐俱發貯濟庫聽河道支用

一兗州府額解泇河徭開夫除抽兵停役扣餉
外二百八十五名每年額解銀三千七十八
兩每季該解銀七百六十九兩五錢河開夫
二百四十七名每名每季二兩七錢共給銀
六百六十六兩九錢奉　河院詳示將裁革
三十三名每名每季二兩七錢共八十九兩
一錢裁革本司水手工食二名木匠工食二
名共給八兩一錢嶧縣河衙書手一名二兩
七錢丁廟廠夫一名二兩七錢工食俱不支

取止存徭夫二百一十七名每季該銀五百八十五兩九錢張莊閘夫三十名每季八十一兩

一兗州額解臺莊閘夫三十名侯遷閘夫三十名頓莊閘夫三十名丁廟閘夫十名韓莊閘夫三十名共一百三十名每年該解銀一千四百零四兩每季該解銀三百五十一兩每名每季二兩七錢

已上各府縣工食除滕單定掌 河院題

准聽該縣印官給散其食河府庫工食者俱
本司按季詳請批允赴河府庫支領行廳轉
給夫

額徵椿草工食附

江南省

廬江縣椿草銀八兩工食銀五十三兩三錢三
分
無爲州椿草銀九兩六錢工食銀六十四兩
通州椿草銀二十一兩六錢

六安州椿草銀四兩八錢工食銀三十二兩
潁州椿草銀一十二兩八錢工食銀八十五兩
三錢三分
泰和縣椿草銀一十二兩工食銀八十兩
蒙城縣椿草銀一十兩四錢工食銀六十九兩
三錢四分
舒城縣椿草銀八兩工食銀五十三兩三錢三
分
泰興縣椿草銀一十六兩八錢此項該縣照

役全書不載本司具詳　河院行查未結
壽州椿草銀二十兩八錢工食銀一百三十八
兩六錢七分
定遠縣椿草銀一十四兩四錢工食銀九十六兩
泰州椿草銀二十一兩六錢
高郵州椿草銀七兩二錢
興化縣椿草銀一十一兩四錢
徐州椿草銀二十三兩八錢二分
碭山縣椿草銀九十九兩

蕭縣椿草銀一百二十七兩六錢

豐縣椿草銀一百七十九兩九錢六分

沛縣椿草銀七十五兩三錢四分

山東省

魚臺縣椿草銀七十三兩九錢二分

定陶縣椿草銀一十一兩

滕縣椿草銀一十七兩一錢六分

單縣椿草銀二十七兩四錢四分工食銀四十八兩

歲修志

水由地中行爲事理之必然而泇河之開鑿借湖地勢高下相去如建瓴故潦則泛濫有漂失之虞旱則涸竭有淺阻之患修濬之役所以與河相終始也爰是三年大濬每年小濬著爲令而築防啓閉問水者亦惟于此爲兢兢焉茲自三年之內躬厯跋履如彭口大泛口之礓砂韓莊湖口之堤岸固寔司泇河之通塞而其他小利害俱得僉誌之雖時易勢殊未可刻舟而

求然大同小異則亦可約畧得也

堤岸

珠梅閘至戚城灣運堤缺口　劉昌莊至西萬堤

郗山至韓莊東岸河堤　韓莊閘上至劉家橋西

岸灘堤

沛縣河道各淺

王家口淺　草廟淺　鮎魚泉淺　常家口淺

三河口淺　百子堂淺　陶陽寺淺　楊莊閘下

淺　夏鎮閘上至戚城下至南門淺　寨子遮冬

淺

水口

梭溝　柳溝　官路口皆運船縴道應搭橋

滕縣河道各淺

西萬渡口淺　彭口淺　三里溝淺在郗山西

張阿村淺在郗山東　宋姬莊淺

嶧縣河道各淺

劉家口淺　葛墟店淺　張窩淺

韓莊閘至德勝閘淺

閘下塘淺　公舘嘴淺　馬頭迤下淺　三調灣
淺　廣福莊淺　疊路口淺
水口一道
狼尾溝水口近德勝莊西北岸係運船縴道利搭橋
德勝閘至張莊閘淺
閘下淺　八里溝淺　吉心洲淺　中張莊淺
樣工頭淺
水口四道
西北岸一道通常阜湖縴道所經利船渡

西南岸一道通平山湖利搭橋

閘家莊東北岸一道通白山湖利搭橋

中張莊南岸一道係後孟泉入運處

　張莊閘至萬年閘淺

閘口淺　棗莊淺　張家林淺

　水口一道

鉅梁橋迤下北岸水口流出自牛山泉係行運纖

道利搭橋

　萬年閘至丁廟閘淺

牛山泉水口淺　上月河淺　閘下淺　花舖廠

淺　萬年倉淺　龍王口淺

水口二道

南岸龍王泉　北岸泇河分署西水口

丁廟閘至頓莊閘淺

擺渡口淺　陳家溝淺　磨盤嘴淺　周家林淺

賈家莊西溝口淺　周家口淺　上月河壩淺

閘口淺　三顆樹淺

水口一道

針鈎口北岸水口係行運縴道利搭橋
頓莊閘至滕邏閘淺
月河上下淺　馬家溝淺　孫勝莊淺　大浅口
淺　王家莊淺　真溝口淺
水口五道
龍家溝　大浅口二口俱來自滄浪許池泉　張
道莊水口　孫懷德莊東渠　以上二口俱水澡
河寬利用渡船
滕家莊迤西北岸水口其流來自南浴湖運道所

經利搭橋

侯遷閘至臺莊閘淺

閘上塌發埃淺　花山溝淺　侯家灣淺　興福院淺　龍王廟淺　閻家莊淺

臺莊閘至黃林莊淺

擺渡口淺　本閘上淺　閘下塘轉灣淺

水口一道

陳家莊水口係烏山泉來宜搭橋濟運

凡濬河以閘基爲準不宜太深河深則閘壞歲

修止[illegible]取水稽下浮沙而止

器具

有水車擲斗以戽水者有杏葉杓五齒鐵扒鐵簸箕圈以撈滯淺隘者有鐵畚布兜以去沙者有刮板以去河底浮淤者有鐵鏟鈎鐮抓鈎以鏟樁割埽者又有石礮以下樁築土者有鐵杵以夯土堅寔者又有鐵钁以挑挖礓砂者

閘具附

絞樁四根　絞軸二根　過橋二扇　拖橋木五

根　傘木二根　推關一座　推關木二根　撒
棍四根　閘板十二塊　板頭環十四個　大關
纜二條　板頭繩二十四條　小關纜二條　傘
纜二條　留繩一條　篙二十根　靠把二十個
燈籠二十個　大鼓一面　大銅鑼一面
　積水㵎水閘具
絞樁四根　絞軸二根　過橋二扇　閘板十塊
板頭環二十個　板頭繩二十根　拖橋木四根

漕政志

國家凡舉大事興大役則秉筆之臣爲之編年列日以識之使後世有可考焉夏陽雖一隅實軍國所繫之重地也原夫舊河廢而新河開新河屢變而泇河興抑其初動之時豈不欲仰出于一勞永逸之計而直爲此數數也觀于廢興因革之間而成敗利害可見意有幸不幸焉敬竊不揣固陋懼諸君子之用心與其行事久而或湮也爰編成帙以俟其人其間兩河之變遷

人事之得失時事之治亂河臣之更代具見是矣編年起嘉靖甲子者從夏鎮漕事所始也

明嘉靖四十三年甲子四十四年乙丑

河決塞漕命工部尚書兼都察院副都御史朱衡治之

開新河

初嘉靖七年河決沛縣總河都御史盛應期創開新渠自南陽經夏村抵留城百四十里慫慂上聞褫職停工自後無敢言改河者至

是議修復之云

四十五年丙寅

新河成

移沽頭工部分司駐夏村改爲鎮

夏鎮分司主事陳楠任

隆慶元年丁卯二年戊辰

建分司公署

改置沛管河主簿署于夏鎮

添置滕管河主簿署于戚城

建義學

主事陳楠囘部錢錫汝代之

沛改置泗亭驛于夏鎮

沛改置夫廠于夏鎮

沛改置水次倉于夏鎮

豐改置倉于夏鎮

三年巳巳

建鎮山書院

四年庚午

主事錢錫汝憂去季膺代之

五年辛未六年壬申

敕建泇河洪濟廟

主事季膺回部高自新代之

萬曆元年癸酉

主事高自新去任錢錫汝復代之

總漕都御史傅希摯建梁境閘于境山

二年甲戌

主事錢錫汝回部陸檄代之

瀝滄茶城口

三年乙亥四年丙子五年丁丑

主事陸機回部詹思謙代之

主事詹思謙憂去王煥代之

六年戊寅七年巳卯

築護城堤

八年庚辰

主事王煥回部詹世用代之

九年辛巳

沛建營田倉于夏鎮

十年壬午

總漕都御史凌雲翼改茶城河口于東八里出

口處建閘曰古洪曰內華

十一年癸未

主事詹世用同部韓杲代之

十二年甲申十三年乙酉

主事韓杲同部楊信代之

十四年丙戌

初給分司關防印信
十五年丁亥
主事楊信築夏鎮城
厝築土垣南北西三面東藉民居爲城
十六年戊子
總河都御史楊一魁增建鎮口閘
主事楊信回部余繼善代之
十七年己丑十八年庚寅十九年辛卯
河道尚書潘季馴開李家口河

移置徐州判官署于鎮口專管上河
添設淮安府同知管徐屬河務屬夏鎮分司管
二十年壬辰
主事余繼善去任錢養廉代之
二十一年癸巳
河決潰漕堤
總河都御史舒應龍議開韓家莊
先是隆慶卯午間徐邳淤都御史翁大立議
請開河自馬家橋入泇口以科臣雒遵言不

便議遂寢至是河决潰堤應龍以堅築河堤
必先消瀵積水博求洩水之途于韓家莊乃
疏請開支渠四十餘里由開泇之權輿也
主事錢養廉憂去尹從教代之
二十二年甲午
開韓莊河
二十三年乙未四年丙申
主事尹從教回部楊爲棟代之
二十五年丁酉六年戊戌

主事楊爲棟同部梅守相代之
二十七年己亥八年庚子
添設漕河道叅政汪大受任駐朱公祠
二十九年辛丑
總河都御史劉東星濬韓莊河
主事梅守相留治夏鎮河
三十年壬寅
總河都御史曾如春濬黄河
三十一年癸卯

河决陷沛城

三十二年甲辰

總河都御史李化龍濬黄河

大濬泇河

三十三年乙巳

大濬黄河

添兗泇河通判署戚城屬夏鎮分司轄

三十四年丙午

郎中梅守相陞任茅國縉代之

分司受新勅

先是夏鎮分司皆給批游事至是總河以請

官責任加重事權尚輕題准主事茅國縉及

郎中須給勅諭比照中河事例一體行事

三十五年丁未

郎中茅國縉卒于任湯沐代之

三十六年戊申七年己酉

巡撫李三才復濬李家港河

三十八年庚戌

巡漕御史蘇惟霖仍行漕河

郎中湯沭回部劉一鵬代之

三十九年辛亥

總河都御史劉士忠疏請并用兩河

移泇河廳署置萬家驛

四十年壬子

郎中劉一鵬憂去錢時俊代之

四十一年癸丑二年甲寅

大饑

四十三年乙卯
郎中錢時俊陞去石炬代之
四十四年丙辰五年丁巳六年戊午
郎中石炬去任黄元會代之
四十七年巳未八年庚申泰昌元年
郎中黄元會陞任張應完代之
郎中張應完病去任章謨代之
天啓元年辛酉
郎中章謨卒于任陸化熙代之

砌河東岸
二年壬戌
六月十一日白蓮妖賊陷夏鎮
七月初十日復夏鎮
三年癸亥
郎中陸化熙去任劉泓代之
四年甲子
寇警
五年乙丑

郎中劉泓憂去朱瀛達代之

增城濬圍河築二閘

六年丙寅

郎中朱瀛達憂去豐建代之

築磚城三十丈

七年丁卯崇禎元年戊辰二年己巳

郎中豐建陞去吳昌期代之

三年庚午四年辛未

寇警

秋大水

五年壬申

郎中吳昌期陞去趙士履代之

六年癸酉七年甲戌八年乙亥

郎中趙士履去任于重慶代之

九年丙子十年丁丑十一年戊寅

郎中于重慶去任宮繼蘭代之

十二年巳卯十三年庚辰十四年辛巳

土賊破城燬書院

員外郎宫繼蘭去任朱錫元代之
五月寇賊破城燬公署
秋重修公署
十五年壬午十六年癸未
正月山賊據郊外員外郎朱錫元泇河通判余誼淤全避于微山
三月總河都御史張國維勦賊
本朝順治元年甲申
夏闖賊僞白將軍至公署一宿

二年乙酉
員外郎楊天祥任夏鎮
三年丙戌
寇警
挑河東自戚城壯起南至泇河濠
四年丁亥
五年戊子
員外郎楊天祥去任高鵬南代之
[illegible]濠河東旋引去

大濬泇河

六年己丑

十一月山賊破城焚刼

七年庚寅

大濬泇河

八月初五日山賊入城焚刼十六日又刼

自是逼河東數里皆寇居民不能守禦迎竄殆盡而寇警無日不見告矣

主事高鵬南去任狄敬代之

八年辛卯

建安夏樓

從民請也夏鎮無城可恃前司皦居民舍至是
于署後經畫建樓敬度悉俸薪經費所入可止
不請國課下不勞民力爰與民樂成樓外百
步而遥週護以墻內可容數千人寇至率民與
守民用有依
因銜曰安夏

設呂壩彭口韓莊草廠

草廠之設未務也何以書顧草挪爲歲修急需
故每年秋冬工隙預採以備事久弊生刁夫猾
役遂有緣以行其奸者蓋採之無常地置之無
常所既得以道里遠遠遥于稽查復得以堆積
民地恣其需索究之工興限廹運致維艱歸于
腐朽耳甚或野燒延焚則反以故燬官物破人
家罝人罪不難矣敬爰于濟河設廠令即附近
山場分夫爲半採半運其不入廠者槩不准收

既窮盧胃之智亦杜焚許之源
而大工聿興又取用甚便焉

夏大水

九年壬辰

大濬泇河

修築東邵壩

東邵土壩建始自開新河時所以攔沙薛之水
俾不逕出三河口达其途以入河則有水利而
無沙害也故東邵爲滕地而壩工則屬沛歲久
水衝日就傾圮督額夫培築之亦曰勿忘前人
之工云爾

修文廟大王廟康阜樓暨公署

自變亂以來民居榛莽祠廟官舍盡歸淪廢敬
幸值太平雖粉飾有心而完美未遑稍加修葺
僅免露處耳蒞事
增華尚俟君子

總河楊公題造舫船二號

先是河工無常舟每工興拘集官民亟苦之蒙
總河楊公題造舫船二隻又領河南馬船三
隻自是官民稱便
寔爲無疆之利云

總漕沈公設粥

河淮南北連年饑饉流離載道蒙 總漕沈公
諭令各地方設粥賑濟敬自捐俸外又勸諭商
民之慕義者嘉與樂輸共得米豆若干
凡設粥自十二月朔起至四月終止

十年癸巳

修韓莊閘

本閘地既窪下又工隆得半值湖水泛溢常喻
閘面往來船艘不見閘形多致擱損敝遭總
河命因增修比舊加高四尺餘又于閘後近湖
築石堤護之其役則因夫石則因山灰則因召
所用匠役稍食及鐵銷錠扣一切雜費則敝捐
一歲之俸以備而泇河別駕張蒲力佐其不足
者

也

夏大水

修夏鎮楊莊珠梅三閘

三閘置自開新河時年已積久石多墮落淤茀
督修蓋以及其未至大壞而修之則易為力也

修漕渠志畧

漕規志

行河之使畏此簡書馳驅夙夜不敢告勞惟是漕事爲凛凛也而或豪猾者得逞智以作奸逭衡者得徑情以扞禁則水利失節宣之宜堤牐皆虛設之具轉運將安賴焉善乎肇造者因事立防而著之令甲率由勿替爰是職掌明則官守盡事權一則彰癉昭于以襄軍國之大計告奉職之無罪率由此也雖然人臣居官守法貴于申明科條使人不犯而已書曰無依勢作威

無倚法以削是宜三復焉

漕河禁例

一計開

一凡閘惟　進貢鮮品船隻到即開放其餘船隻務要等待積水而行若積水未滿或積水雖滿而船未過閘或下閘未閘并不得擅開若豪强之人逼脅擅開走泄水利及閘已開不依帮次爭先鬪毆者聽所在閘官將應問之人拏送管閘并巡河官處究問因而閘壞船隻損失

進貢官物及漂流係官糧米若傷人者各依律
例從重問治干礙豪勢官員參奏以聞運糧軍
旗有犯非人命重情待後完糧回日提問其閘
內船已過下閘已閉積水已滿而閘官夫牌故
意不開勒取客船錢物者亦治以罪
一凡馬快等船每駕船軍餘一名食米之外聽
帶貨物三百斤若多帶及附搭客貨私鹽者聽
巡河管河洪閘官盤檢盡數入官應提問者就
便提問應參奏者參奏提問

一凡漕運軍人許帶土産換易柴鹽每船不得過十石若多載貨物沿途貿易稽留者聽巡河御史郎中及洪閘主事盤檢入官并治其罪

一凡船非載　進貢御用之物擅用響器者其器沒官

一凡河南等處地方盜決及故決河防毀壞人家漂失財物淹沒田禾犯該徒罪以上爲首之人若係旗舍餘丁民人俱發附近充軍係軍調發邊衛

一凡故决盜决山東南旺湖沛縣昭陽湖蜀山湖安山積水湖揚州高寶湖淮安高家堰柳浦灣及徐邳上下濱河一帶各隄岸並阻絕山東泰山等處泉源有干漕河禁例爲首之人發附近衛所係軍調發邊衛帶俸充軍其閘官人等因草捲閘閘板盜泄水利串同取財犯該徒罪以上亦照前問遣

一凡運河一帶用强包攬閘夫溜夫二名之上撈淺鋪夫三名之上俱問罪旗軍發邊衛民并

軍丁人等發附近各充軍攬當一名不曾用强生事者問罪枷號一個月發落

一凡府州縣管河官及閘壩官有犯開具所犯事由行移巡河御史等官問理別項上司不得攙挾私忿徑自提問

一凡府州縣添設通判官主簿及閘壩官專理河防之務不許別委幹辦他事妨廢政務違者治罪

一凡漕河事務悉聽專掌之官區處他官不得

侵越

一凡漕河所徵椿草并折色銀錢以備河道支用毋得以别事擅支及無故停免

一凡侵占牽路為房屋者治罪撤之

一凡漕河內毋得遺棄屍骸淺鋪夫巡視掩埋違者罪之

一凡閘壩洪淺夫各供其役官員過者不得呼召牽船

一凡在外衙門差人奏事水驛乘船私載貨物

者聽巡河御史郎中及洪閘主事盤問治罪

一凡江南馬快船隻到京順差回還兵部給印信撥帖備開船數及小甲姓名付與執照頒行整理河道郎中等官督令沿途官司查帖驗放若給無官帖而擅投豪勢之人乘坐回還拏私回者悉究治之

一凡運糧馬快商賈等船經由津渡巡檢司照驗文引若豪勢之人不服盤詰聽所司執送巡河御史郎中處罪之

已上禁例十七條見今遵行

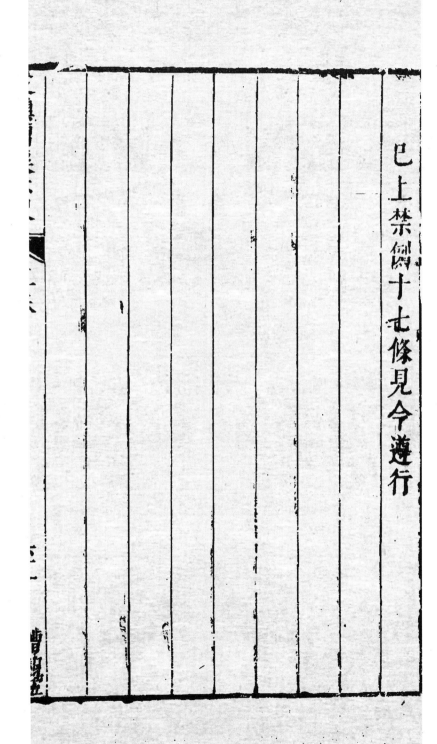

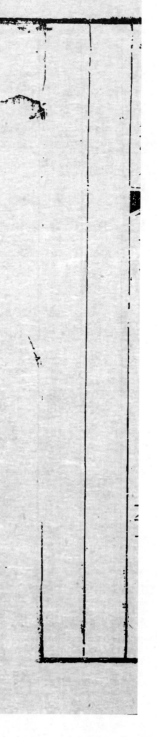

經制志

國家建官分職而詔之祿秩以贍其資佐之府史以給其役凡其體之者至矣所以養廉集思勸勤集事于是乎在故敬事後食垂自聖謨計日受俸昭茲賢範不然則始鬨刈楚之變旋見伐檀之刺矣

順治伍年玖月初叁日戶部　題爲酌議奉差官員經制事照得在外文武官員必不可少之經費與必不可缺之衙役已經臣部酌定經制

奉有
俞旨至于司餉管倉鈔關抽分等差司屬向來公
費衙役皆派之各處地方臣部行文取其舊牘
查閱冗費冗役頗多濫觴臣部細加核酌就其
事務之繁簡以為衙役之多寡至于心紅紙張
等項皆有定規載在經制在地方按以派徵在
司屬按以關支此外悉為裁汰舊日多派悉除
正項解部應畫一之法一立司屬知所遵守恭
派濫用之弊可永杜矣恭候

勅下臣部轉行各官一體遵奉施行奉
聖旨依議行
計開內一欵
河差
一俸薪照品級赴部支領
一蔬菜燭炭月支銀肆兩每年共銀肆拾
捌兩
一桌衣家伙修理公署季支銀伍兩每年
共銀貳拾兩

一心紅紙張月支銀伍兩每年共銀陸拾兩

一巡捕官壹員月支廪給銀貳兩每年共銀貳拾肆兩

一吏書捌名每名月支工食銀壹兩每年共銀玖拾陸兩

一門子貳名每名月支工食銀陸錢每年共銀拾肆兩肆錢

一快手捌名每名歲支工食銀柒兩毕

每年共銀伍拾柒兩陸錢

一皂隸拾貳名每名歲支工食銀柒兩貳錢每年共銀捌拾陸兩肆錢

一轎夫肆名每名月支工食銀陸錢每年共銀貳拾捌兩捌錢

一傘扇夫叁名每名月支工食銀陸錢每年共銀貳拾壹兩陸錢

一燈夫貳名每名月支工食銀伍錢每年共銀拾貳兩

一鋪兵貳名每名月支工食銀伍錢每年

共銀拾貳兩

一水手捌名每名月支工食銀陸錢每年

共銀伍拾柒兩陸錢

以上除俸薪外通共銀伍百叁拾捌兩

肆錢俱沛縣解給